essentials

essentials liefern aktuelles Wissen in konzentrierter Form. Die Essenz dessen, worauf es als „State-of-the-Art" in der gegenwärtigen Fachdiskussion oder in der Praxis ankommt. *essentials* informieren schnell, unkompliziert und verständlich

- als Einführung in ein aktuelles Thema aus Ihrem Fachgebiet
- als Einstieg in ein für Sie noch unbekanntes Themenfeld
- als Einblick, um zum Thema mitreden zu können

Die Bücher in elektronischer und gedruckter Form bringen das Expertenwissen von Springer-Fachautoren kompakt zur Darstellung. Sie sind besonders für die Nutzung als eBook auf Tablet-PCs, eBook-Readern und Smartphones geeignet. *essentials:* Wissensbausteine aus den Wirtschafts-, Sozial- und Geisteswissenschaften, aus Technik und Naturwissenschaften sowie aus Medizin, Psychologie und Gesundheitsberufen. Von renommierten Autoren aller Springer-Verlagsmarken.

Weitere Bände in dieser Reihe http://www.springer.com/series/13088

Reiner Thiele

Stromsensor mit zirkularem Polarisator und Regelkreis

Unter Mitwirkung von Dipl.-Ing. (BA) Richard Würfel und Max Eisenbeiß

Prof. Dr. Reiner Thiele
Zittau, Deutschland

ISSN 2197-6708 ISSN 2197-6716 (electronic)
essentials
ISBN 978-3-658-18471-1 ISBN 978-3-658-18472-8 (eBook)
DOI 10.1007/978-3-658-18472-8

Die Deutsche Nationalbibliothek verzeichnet diese Publikation in der Deutschen Nationalbibliografie; detaillierte bibliografische Daten sind im Internet über http://dnb.d-nb.de abrufbar.

Springer Vieweg

Gedruckt auf säurefreiem und chlorfrei gebleichtem Papier

Springer Vieweg ist Teil von Springer Nature
Die eingetragene Gesellschaft ist Springer Fachmedien Wiesbaden GmbH
Die Anschrift der Gesellschaft ist: Abraham-Lincoln-Str. 46, 65189 Wiesbaden, Germany

Was Sie in diesem *essential* finden können

- Applikation des Jones-Kalküls zur Beschreibung der Sensorfunktion
- Jones-Matrizen zirkularer Polarisatoren
- Lösungsverhalten nichtlinearer Sensor-Differenzialgleichungen
- Stabilitäts-Analyse und Regelabweichung optoelektronischer Regelkreise
- Dimensionierung von Signalverarbeitungseinheiten

Vorwort

Die potenzialgetrennte Messung elektrischer Ströme ohne Eingriff in den Stromkreis der Messgröße stellt ein grundsätzliches Problem der Messtechnik dar.

Dieses Problem wurde durch die vorgelegte Erfindung des Verfahrens und der Schaltungsanordnung eines reflektierenden Stromsensors zur Messung elektrischer Ströme mit automatischer Kompensation der Doppelbrechung und streng linearer Beziehung zwischen Messwerten und Messgröße gelöst.

Wiederholt gelang die exakte Lösung einer die erfindungsgemäße Schaltungsanordnung beschreibenden nichtlinearen Differenzialgleichung (DGL). Neu ist die Applikation eines rechts- oder linksdrehenden zirkularen Polarisators zur messgrößenabhängigen Veränderung der transversalen Komponente der elektrischen Verschiebungsflussdichte in den Sensor-Lichtwellenleitern (LWL).

Der hier beschriebene faseroptische Stromsensor stellt die Weiterentwicklung gegenüber früher vorgestellten Erfindungen zum Thema „Faseroptischer Stromsensor“ dar. Er hat praxisrelevante Eigenschaften, und der Autor sucht deshalb potenzielle Applikatoren.

Reiner Thiele

Inhaltsverzeichnis

1 Einleitung

Die Messung von hohen elektrischen Strömen ohne Eingriff in den Messgrößenkreis stellt ein grundsätzliches Problem der elektrischen Energietechnik dar. Dieses Problem wird hier durch die Applikation eines neuen Effektes zur Veränderung zirkular polarisierten Lichtes in Lichtwellenleitern, induziert durch das den stromführenden elektrischen Leiter umgebende Magnetfeld, gelöst.

Eine in Reflexion arbeitende erfindungsgemäße Schaltungsanordnung aus optischen und elektronischen Komponenten stellt dabei den gewünschten linearen Zusammenhang zwischen Messgröße und Messwert bei Elimination der störenden Doppelbrechung der Lichtwellenleiter sowie des optischen Kopplers her, die sich ansonsten vermindernd auf die Effizienz dieses Effektes auswirkt.

Es gelten die folgenden fünf Kernaussagen, die den Praxisnutzen deutlich machen:

- Messung hoher elektrischer Ströme ohne Eingriff in den Messgrößenkreis,
- Messung von Strömen beliebigen zeitlichen Verlaufes, insbesondere von Gleich- und Wechselströmen,
- Potenzialgetrennte Messung der Ströme durch die Applikation von Lichtwellenleitern,
- Linearer Zusammenhang zwischen Messgröße und Messwert,
- Messung des Anteils vieler Unter- und Oberschwingungen im Stromverlauf gegenüber 50 Hz.

R. Thiele, *Stromsensor mit zirkularem Polarisator und Regelkreis*, essentials, DOI 10.1007/978-3-658-18472-8_1

Beschreibung der Erfindung 2

Diese Beschreibung charakterisiert die Eigenschaften der Erfindung bezüglich des gelösten technischen Problems und den Fortschritt gegenüber dem Stand der Technik.

2.1 Durch die Erfindung gelöstes technisches Problem

Die Messung von hohen elektrischen Strömen ohne Eingriff in den Messgrößenkreis stellt ein grundsätzliches Problem der elektrischen Energietechnik dar.

Dieses Problem wird hier durch die Applikation eines rechts- oder linksdrehenden zirkularen Polarisators zur Erzeugung einer zirkularen Polarisation in den Lichtwellenleitern (LWL) bei Kompensation aller nachteiligen Effekte, wie z. B. der Doppelbrechung oder Temperaturschwankungen, gelöst. Dazu wird die zum stromführenden elektrischen Leiter in Längsrichtung parallel liegende zirkulare Komponente der Verschiebungsflussdichte im LWL, die dort die transversale Komponente darstellt, durch die Messgröße i verändert.

2.2 Bisherige Lösungen und Stand der Technik

Das Problem wurde bisher von fremden Erfindern durch die Auswertung des Faraday-Effektes zur Polarisations-Ebenen-Drehung linear polarisierten Lichts im LWL, induziert durch das den stromführenden elektrischen Leiter umgebende Magnetfeld ohne Regelkreis gelöst.

R. Thiele, *Stromsensor mit zirkularem Polarisator und Regelkreis*,
essentials, DOI 10.1007/978-3-658-18472-8_2

2.3 Nachteile der bekannten Lösungen

Durch die Nachteile, dass die schwankende Doppelbrechung selbst in der Näherung im Messwert enthalten ist oder der Zusammenhang zwischen Messwert und Messgröße nichtlinear ist, lassen sich die bekannten fremden Lösungen charakterisieren.

2.4 Aufgabe der Erfindung

Der Erfindung liegt die Aufgabe zugrunde, alle nachteiligen Effekte bei der potenzialgetrennten Messung elektrischer Ströme ohne Eingriff in den elektrischen Stromkreis der Messgröße zu eliminieren.

2.5 Lösung der Aufgabe durch die Erfindung

Diese Aufgabe wurde erfindungsgemäß dadurch gelöst, dass ein völlig neuer Ansatz mit den Eigenschaften:

- parallele Anregung des Messsystems durch eine handelsübliche Laserdiode mit optional konstanter Strahlungsleistung,
- Schutz der Laserdiode vor reflektiertem Licht durch Einschaltung eines handelsüblichen Isolators,
- Verwendung eines handelsüblichen zirkularen Polarisators zur Herstellung einer zirkularen Polarisation als Voraussetzung zur Anwendung des Kompensations-Effektes für die transversalen zirkularen Komponenten der elektrischen Verschiebungsflussdichte in einer ersten und einer zweiten LWL-Spule,
- Verwendung von drei elektromagnetischen Spulen aus elektrischen Leitern, entsprechend Abb. 2.1, die ineinander mit jeweils einer LWL-Spule gewickelt sind und die Windungszahlen M, M_0 und M_1 zur Erzeugung des Übersetzungsverhältnisses ü zwischen den Messwerten $i_{0\sim}$ oder $i_{1\sim}$ sowie jeweils der Messgröße i als elektrischer Strom besitzen und damit Realisierung eines mehrfachen optischen Transformatorprinzips,
- automatische Elimination der Doppelbrechungen Δn_1 und Δn_0 aus dem linearen Zusammenhang zwischen dem Messwert $i_{0\sim}$ oder $i_{1\sim}$ und der Messgröße i unter Nutzung der Eigenschaften der zugehörigen neuen Sensor-Differenzialgleichung (DGL),

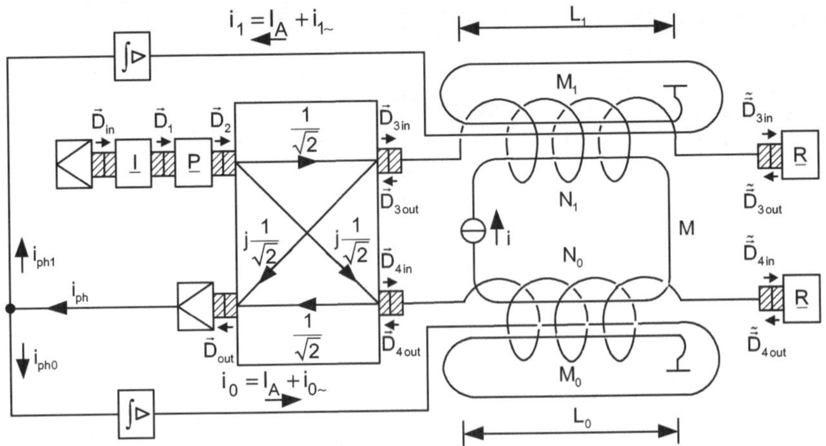

Abb. 2.1 Optische Teilkomponente des Stromsensors mit zirkularem Polarisator und Regelkreis. (Eigene Darstellung)

- Erzeugung der doppelten Effizienz der Faraday-Drehung in den LWL gegenüber dem Transmissionsprinzip durch Beschaltung der Enden der zwei LWL-Spulen mit handelsüblichen +90°-Faraday-Rotator-Mirrors, diese Effizienz allerdings in den transversalen zirkularen Komponenten der elektrischen Verschiebungsflussdichte, gekennzeichnet durch die Faraday-Winkel α und $-\alpha$ bei entsprechender Wendelung der LWL,
- Verwendung einfacher stabiler Regelkreise mit integrierenden Stromverstärkern zur Elimination der bleibenden Regelabweichungen,
- einfacher linearer Zusammenhang zwischen der Aussteuerung der Messwerte in Abb. 2.2 und der Messgröße, vermittelt durch den Proportionalitätsfaktor „Übersetzungsverhältnis" ü.

2.6 Neues und Kern der Erfindung

Das wesentlich Neue und der Kern der Erfindung sind in der gleichzeitigen Applikation der folgenden Ideen zu sehen:

1. Automatische Elimination der Doppelbrechung aus dem linearen Zusammenhang zwischen Messwert und Messgröße unter Ausnutzung der Eigenschaften der abgeleiteten Sensor-DGL.

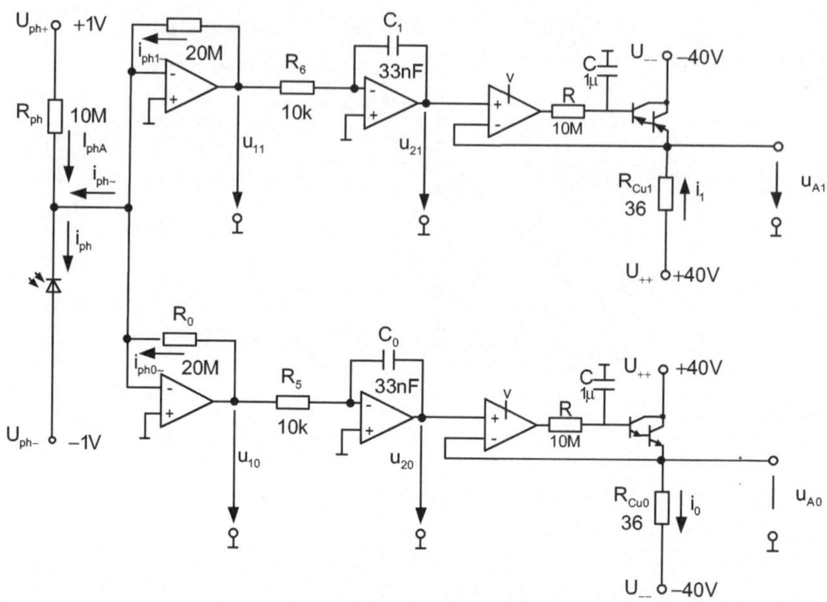

Abb. 2.2 Elektronische Teilkomponente des Stromsensors mit zirkularem Polarisator und Regelkreis. (Eigene Darstellung)

2. Verwendung von Regelkreisen mit optischer Rückkopplung zur Herstellung des linearen Zusammenhangs zwischen den Messwerten $i_{0\sim}$ bzw. $i_{1\sim}$ und jeweils der Messgröße i ohne störende Doppelbrechung der LWL und des optischen Kopplers.
3. Erzeugung der beiden Faraday-Winkel α und $-\alpha$ in den beiden LWL-Spulen durch entsprechende Dimensionierung des optischen und elektronischen Teils des Sensors sowie Überlagerung der beiden aus LWL-Spulen empfangenen Signale im optischen Koppler ohne Verminderung oder Auslöschung der zirkularen Faraday-Drehung im Fotostrom i_{ph} gegenüber der Verwendung einer einzelnen LWL-Spule.
4. Verwendung des Integratorprinzips in den Schleifen der Regelkreise zur Elimination der bleibenden Regelabweichung.
5. Ermittlung der exakten Messwerte $i_{0\sim}$ und $i_{1\sim}$ als Lösungen einer neuen, den Sensor beschreibenden nichtlinearen DGL.

2.7 Wesentliche und zusätzliche Vorteile der Erfindung

Als wesentliche bzw. zusätzliche Vorteile der vorgelegten Erfindung sind zu nennen:

- Das Messsystem zeichnet sich gegenüber früheren Erfindungsmeldungen durch einen vereinfachten Aufbau aus.
- Der faseroptische Stromsensor ist auch zur potenzialgetrennten Messung elektrischer Ströme einsetzbar.
- Die Erfindung eignet sich sowohl für die Messung kleiner Ströme im mA-Bereich als auch zur Bestimmung großer Ströme im kA-Bereich, jeweils in Abhängigkeit von der Dimensionierung des Sensors.
- Der Sensor ist in einem großen Frequenzbereich einsetzbar, abhängig von seiner Dimensionierung.
- Die Herstellung des erfindungsgemäßen Stromsensors lässt sich mit verfügbaren Bauelementen und Technologien leicht realisieren.

2.8 Erläuterung der Erfindung

2.8.1 Jones-Matrizen zirkularer Polarisatoren

Ausgangspunkt zur Berechnung der Jones-Matrizen für den rechts- und linksdrehenden zirkularen Polarisator sind die Bedingungen an die Polarisations-Ellipse bei zirkularer Polarisation.

Es gilt:

$$\text{Erhebungswinkel: } \Theta = 0 \tag{2.1}$$

$$\text{Halbachsen der Ellipse: } a = \pm b \tag{2.2}$$

$$\text{Elliptizitätswinkel: } \eta = \arctan\left(\frac{b}{a}\right) \tag{2.3}$$

$$\eta = \arctan(\pm 1) = \pm\frac{\pi}{4} \tag{2.4}$$

Unter Bezug auf die Literatur erhält man für die beiden Eigenpolarisationen

$$\chi_{e1/2} = \frac{\tan\Theta + j\tan\eta}{1 - j\tan\Theta\tan\eta} = \pm j \tag{2.5}$$

Für die Jones-Matrix des linksdrehenden zirkularen Polarisators folgt

$$\underline{J_L} = \frac{1}{1+\chi_{e1}\chi_{e1}^*}\begin{pmatrix} 1 & \chi_{e1}^* \\ \chi_{e1} & \chi_{e1}\chi_{e1}^* \end{pmatrix} = \frac{1}{2}\begin{pmatrix} 1 & -j \\ j & 1 \end{pmatrix} \tag{2.6}$$

Der rechtsdrehende zirkulare Polarisator hat die Jones-Matrix

$$\underline{J_R} = \frac{1}{1+\chi_{e2}\chi_{e2}^*}\begin{pmatrix} 1 & \chi_{e2}^* \\ \chi_{e2} & \chi_{e2}\chi_{e2}^* \end{pmatrix} = \frac{1}{2}\begin{pmatrix} 1 & j \\ -j & 1 \end{pmatrix} \tag{2.7}$$

Mit Abb. 2.1 kann nun die Berechnung der optischen Teilkomponente des Stromsensors entweder mit $\underline{P} = \underline{J_L}$ nach (2.6) oder $\underline{P} = \underline{J_R}$ nach (2.7) erfolgen. Wir wählen als Beispiel den linksdrehenden zirkularen Polarisator.

2.8.2 Doppelbrechungsfreie optische Teilkomponente

Zunächst leiten wir die Leistungs-Übertragungsgleichung für die optische Leistung P_{out} in Zusammenhang mit P_{in} für den Idealfall der Doppelbrechungs-Freiheit der beiden LWL und des optischen Kopplers her. Doppelbrechungs-Freiheit bedeutet, dass die zugehörigen Doppelbrechungsparameter Null sind.

$$\text{Doppelbrechungsparameter der LWL} : \delta = 0 \tag{2.8}$$

$$\text{Doppelbrechungsparameter des Kopplers} : \delta_K = 0 \tag{2.9}$$

Später werden die Bedingungen $\delta \neq 0$ und $\delta_K \neq 0$ sukszessive berücksichtigt.

Ausgehend von Abb. 2.1 wird der optische Teil des Stromsensors durch die elektrische Verschiebungsflussdichte $\vec{D}$ (die Indizes von $\vec{D}$ entsprechend den zugehörigen Orten im Messsystem) für Licht als elektromagnetische Welle dargestellt.

Beispielsweise, aber nicht zwingend, liegt als Ausgangssignal der Laserdiode der zirkular polarisierte Jones-Vektor (linksdrehend)

$$\vec{D}_{in} = \frac{\widehat{D}_0}{\sqrt{2}}\begin{pmatrix} 1 \\ j \end{pmatrix} \text{mit}\, j = \sqrt{-1} \tag{2.10}$$

vor. Zur Vereinfachung wird die Feldamplitude $\widehat{D}_0 = 1$ gesetzt und zum Schluss der Berechnung wieder in nicht normierter Form berücksichtigt. Damit gilt für den normierten Jones-Vektor der Laserdiode

$$\vec{D}_{in} = \frac{1}{\sqrt{2}}\begin{pmatrix} 1 \\ j \end{pmatrix} \tag{2.11}$$

Nach der Laserdiode ist ein optischer Isolator mit der Jones-Matrix $\underline{I}$ geschaltet, der die Laserdiode vor reflektiertem Licht schützt. Es gilt

$$\vec{D}_1 = \underbrace{\frac{1}{\sqrt{2}}\begin{pmatrix} 1 & 0 \\ 1 & 0 \end{pmatrix}}_{=\underline{I}} \frac{1}{\sqrt{2}}\begin{pmatrix} 1 \\ j \end{pmatrix} = \frac{1}{2}\begin{pmatrix} 1 \\ 1 \end{pmatrix} \tag{2.12}$$

Am Eingang des linksdrehenden zirkularen Polarisators mit der Jones-Matrix $\underline{P}$ erhalten wir nach (2.12) ein 45°-linear polarisiertes Eingangslicht.

Am Ausgang des Polarisators ergibt sich

$$\vec{D}_2 = \underbrace{\frac{1}{2}\begin{pmatrix} 1 & -j \\ j & 1 \end{pmatrix}}_{=\underline{P}} \frac{1}{2}\begin{pmatrix} 1 \\ 1 \end{pmatrix} = \frac{1}{4}\begin{pmatrix} 1-j \\ 1+j \end{pmatrix} = \frac{e^{-j\frac{\pi}{4}}}{\sqrt{8}}\begin{pmatrix} 1 \\ j \end{pmatrix} \tag{2.13}$$

Das Signal $\vec{D}_2$ wird in einen optischen 3dB-Richtkoppler mit den Transmissionen $\frac{1}{\sqrt{2}}$ und $j\frac{1}{\sqrt{2}}$, $(j = \sqrt{-1})$, eingespeist.

Damit erhalten wir am oberen Ausgang/Eingang 3 des Kopplers

$$\vec{D}_{3\,in} = \frac{1}{\sqrt{2}}\frac{1}{\sqrt{8}}e^{-j\frac{\pi}{4}}\begin{pmatrix} 1 \\ j \end{pmatrix} = \frac{e^{-j\frac{\pi}{4}}}{4}\begin{pmatrix} 1 \\ j \end{pmatrix} \tag{2.14}$$

Für die LWL-Spule mit der Windungszahl N_1 und der Länge L_1 gilt mit dem Faraday- Winkel α die Beschreibung bei verschwindendem Doppelbrechungsparameter$\delta = 0$:

$$\begin{aligned} \widetilde{\vec{D}}_{3in} &= \frac{e^{-j\frac{\pi}{4}}}{4}\begin{pmatrix} \cos\alpha & -\sin\alpha \\ \sin\alpha & \cos\alpha \end{pmatrix}\begin{pmatrix} 1 \\ j \end{pmatrix} = \frac{e^{-j\frac{\pi}{4}}}{4}\begin{pmatrix} \cos\alpha - j\sin\alpha \\ j(\cos\alpha - j\sin\alpha) \end{pmatrix} \\ &= \frac{e^{-j(\alpha+\frac{\pi}{4})}}{4}\begin{pmatrix} 1 \\ j \end{pmatrix} \end{aligned} \tag{2.15}$$

Das Ausgangssignal des 90°-Faraday-Rotator-Mirrors mit der Jones-Matrix $\underline{R}$ lautet

$$\widetilde{\vec{D}}_{3\,out} = \frac{e^{-j(\alpha+\frac{\pi}{4})}}{4}\underbrace{\begin{pmatrix} 0 & -1 \\ 1 & 0 \end{pmatrix}}_{=\underline{R}}\begin{pmatrix} 1 \\ j \end{pmatrix} = \frac{e^{-j\left(\alpha+\frac{3\pi}{4}\right)}}{4}\begin{pmatrix} 1 \\ j \end{pmatrix} \tag{2.16}$$

Am Ausgang/Eingang 3 erhält man das Eingangssignal für den Koppler

$$\vec{D}_{3\,out} = \frac{e^{-j\left(\alpha+\frac{3\pi}{4}\right)}}{4}\begin{pmatrix} \cos\alpha & -\sin\alpha \\ \sin\alpha & \cos\alpha \end{pmatrix}\begin{pmatrix} 1 \\ j \end{pmatrix} = \frac{e^{-j\left(2\alpha+\frac{3\pi}{4}\right)}}{4}\begin{pmatrix} 1 \\ j \end{pmatrix} \tag{2.17}$$

Das entsprechende Signal am Tor 4 des Kopplers ergibt sich durch die Substitution $\alpha \rightarrow -\alpha$ für den jetzt anders gewendelten LWL bei zusätzlicher Berücksichtigung eines multiplikativen „j“ aus der Transmission „$j\frac{1}{\sqrt{2}}$“ des Kopplers

$$\vec{D}_{4\,out} = \frac{e^{j(2\alpha - \frac{\pi}{4})}}{4}\begin{pmatrix} 1 \\ j \end{pmatrix} \tag{2.18}$$

Am Ausgang des Kopplers vor der Fotodiode gilt

$$\vec{D}_{out} = \frac{1}{\sqrt{2}}\vec{D}_{4out} + j\frac{1}{\sqrt{2}}\vec{D}_{3\,out}$$

$$\vec{D}_{out} = \frac{e^{-j\frac{\pi}{4}}}{\sqrt{32}}\left[e^{-j2\alpha} + e^{-j2\alpha}\right]\begin{pmatrix} 1 \\ j \end{pmatrix}$$

$$\vec{D}_{out} = \frac{e^{-j\frac{\pi}{4}}}{\sqrt{8}}\cos(2\alpha)\begin{pmatrix} 1 \\ j \end{pmatrix}$$

$$\vec{D}_{out} = \frac{e^{-j\frac{\pi}{4}}}{\sqrt{8}}\sin\left(2\alpha + \frac{\pi}{2}\right)\begin{pmatrix} 1 \\ j \end{pmatrix} \tag{2.19}$$

Für den Faraday-Winkel α ergibt sich (siehe später)

$$\alpha = VN_0M_0\left(\text{ü}\, i - \frac{i_{0\sim} + i_{1\sim}}{2} - I_A\right) = \alpha_\sim + \alpha_A \tag{2.20}$$

Darin bedeuten

$\alpha, \alpha_A, \alpha_\sim$	Faraday-Winkel, – im Arbeitspunkt, – der Aussteuerung
V	Verdet-Konstante der LWL
$N_0 = N_1$	Windungszahlen der LWL-Spulen
$M_0 = M_1$	Windungszahlen zweier elektromagnetischer Spulen
M	Windungszahl des Messgrößenkreises
$\text{ü} = \frac{M}{M_0} = \frac{M}{M_1}$	Übersetzungsverhältnis
$i_{0\sim} = i_{1\sim}$	Messwerte der Aussteuerung
I_A	Strom im Arbeitspunkt der Darlington-Transistoren in Abb. 2.2

Zur Einstellung des Quadraturpunktes als Punkt größter Empfindlichkeit auf der Kennlinie des Stromsensors formulieren wir den Ansatz bei zusätzlich eingefügter Feldamplitude

$$\vec{D}_{out} = \frac{e^{-j\frac{\pi}{4}}}{\sqrt{8}}\widehat{D_0}\sin(\beta + \beta_0)\begin{pmatrix} 1 \\ j \end{pmatrix} \tag{2.21}$$

und zerlegen durch Vergleich der Sinusfunktionen in (2.19) und (2.21) wie folgt

$$\beta = 2VN_0M_0(\text{ü}\, i - i_{0\sim}) \tag{2.22}$$

$$\beta_0 = \frac{\pi}{2} - 2VN_0M_0I_A \tag{2.23}$$

Mit den Proportionalitäten

$$P_{out} \sim \vec{D}_{out}^{*T}\vec{D}_{out} \tag{2.24}$$

$$P_{in} \sim \widehat{D}_0^2 \tag{2.25}$$

erhalten wir die Leistungs-Übertragungsgleichung

$$P_{out} = \frac{P_{in}}{4}\sin^2(\beta + \beta_0) \tag{2.26}$$

Die optische Systemdämpfung a_{opt}, bedingt durch Verluste im LWL und an den Koppelstellen, wird später bei der Sensor-Dimensionierung berücksichtigt.

Der Quadraturpunkt ergibt sich durch Anwendung von Additionstheoremen, wobei wir mit der Fotoempfindlichkeit S_E gleich zum Fotostrom i_{ph} übergehen.

$$i_{ph} = \frac{S_E P_{in}}{8}[1 - \cos[2(\beta + \beta_0)]] \tag{2.27}$$

$$i_{ph} = \frac{S_E P_{in}}{8}[1 - \underbrace{\cos(2\beta_0)}_{=0}\cos(2\beta) + \underbrace{\sin(2\beta_0)}_{=1}\sin(2\beta)] \tag{2.28}$$

$$\cos(2\beta_0) = \cos(\pi - 4VN_0M_0I_A) = 0 \tag{2.29}$$

$$\rightarrow 4VN_0M_0I_A = \frac{\pi}{2} \tag{2.30}$$

$$\rightarrow I_A = \frac{\pi}{8\, VN_0M_0} \tag{2.31}$$

(2.31) stellt die Dimensionierungsbedingung für den Strom I_A im Arbeitspunkt der Darlington-Transistoren dar. Damit gilt

$$i_{ph} = \frac{S_E P_{in}}{8}[1 + \sin(2\beta)] \tag{2.32}$$

$$i_{ph} = I_{phA} + i_{ph\sim} \tag{2.33}$$

Es ergibt sich also durch Vergleich von (2.33) und (2.32)

$$\text{Strom im Arbeitspunkt der Fotodiode: } I_{phA} = \frac{S_E P_{in}}{8}, \tag{2.34}$$

$$\text{Aussteuerung: } i_{ph\sim} = \frac{S_E P_{in}}{8} \sin(2\beta), \tag{2.35}$$

jeweils ohne Berücksichtigung der Systemdämpfung a_{opt}.

2.8.3 Optische Teilkomponente mit Doppelbrechung

2.8.3.1 Berücksichtigung der Doppelbrechung der LWL

Der Einstieg zur Berücksichtigung des Doppelbrechungsparameters δ der beiden LWL erfolgt mit (2.14). Vorher ist alles wie im Unterabschnitt 2.8.2 gehabt.

Damit ergibt sich jetzt für

$$\vec{D}_{3\,out} = \frac{e^{-j\frac{\pi}{4}}}{4} \begin{pmatrix} a - jb & -c \\ c & a + jb \end{pmatrix} \begin{pmatrix} 0 & -1 \\ 1 & 0 \end{pmatrix} \begin{pmatrix} a + jb & -c \\ c & a - jb \end{pmatrix} \begin{pmatrix} 1 \\ j \end{pmatrix} \tag{2.36}$$

$$\vec{D}_{3\,out} = \frac{e^{-j\frac{\pi}{4}}}{4} \begin{pmatrix} -2a(c+b) + j\left[c^2 + b^2 - a^2\right] \\ a^2 - b^2 - c^2 + j\,2a(b-c) \end{pmatrix}$$

mit

$$a = \cos\left(\frac{d}{2}\right) \quad b = \frac{\delta}{2} \frac{\sin\left(\frac{d}{2}\right)}{\frac{d}{2}} \quad c = \alpha \frac{\sin\left(\frac{d}{2}\right)}{\frac{d}{2}} \tag{2.37}$$

$$d = \sqrt{\delta^2 + 4\alpha^2}, \quad \delta = \frac{2\pi}{\lambda} \Delta n_1 L_1 \tag{2.38}$$

In (2.38) bedeuten

λ	Wellenlänge der monochromatischen Laserdiode
$\Delta n_1 = \Delta n_0$	Doppelbrechung der beiden LWL
$L_1 = L_0$	Länge der beiden LWL

Weiterhin folgt

$$j\frac{1}{\sqrt{2}}\vec{D}_{3\,out} = \frac{e^{-j\frac{\pi}{4}}}{\sqrt{32}}\begin{pmatrix} a^2 - b^2 - c^2 - j2a(b+c) \\ -2a(b-c) + j\left(a^2 - b^2 - c^2\right) \end{pmatrix} \tag{2.39}$$

$$\frac{1}{\sqrt{2}}\vec{D}_{4\,out} = \frac{e^{-j\frac{\pi}{4}}}{\sqrt{32}}\begin{pmatrix} a^2 - b^2 - c^2 - j2a(b-c) \\ -2a(b+c) + j\left(a^2 - b^2 - c^2\right) \end{pmatrix} \tag{2.40}$$

Am Ausgang unten links des Kopplers erhält man

$$\vec{D}_{out} = \frac{1}{\sqrt{2}}\vec{D}_{4out} + j\frac{1}{\sqrt{2}}\vec{D}_{3out}$$

$$\vec{D}_{out} = \frac{e^{-j\frac{\pi}{4}}}{\sqrt{8}}\begin{pmatrix} a^2 - b^2 - c^2 - j2ab \\ -2ab + j\left(a^2 - b^2 - c^2\right) \end{pmatrix} \tag{2.41}$$

Die Abkürzungen ergeben

$$a^2 - b^2 - c^2 = \cos^2\left(\frac{d}{2}\right) - \underbrace{\frac{\delta^2 + 4\alpha^2}{d^2}}_{=1}\sin^2\left(\frac{d}{2}\right)$$

$$a^2 - b^2 - c^2 = \cos^2\left(\frac{d}{2}\right) - \sin^2\left(\frac{d}{2}\right) = \cos(d) \tag{2.42}$$

$$2ab = 2\left(\frac{\delta}{d}\right)\cos\left(\frac{d}{2}\right)\sin\left(\frac{d}{2}\right) = \left(\frac{\delta}{d}\right)\sin(d) \tag{2.43}$$

Damit wird

$$\vec{D}_{out} = \frac{e^{-j\frac{\pi}{4}}}{\sqrt{8}}\begin{pmatrix} \cos(d) - j\frac{\delta}{d}\sin(d) \\ \frac{\delta}{d}\sin(d) + j\cos(d) \end{pmatrix}$$

$$\vec{D}_{out} = \frac{e^{-j\frac{\pi}{4}}}{\sqrt{8}}\left[\cos(d) - j\frac{\delta}{d}\sin(d)\right]\begin{pmatrix} 1 \\ j \end{pmatrix} \tag{2.44}$$

Mit den Proportionalitäten (2.24) und (2.25) lautet nun die Leistungs-Übertragungs-Gleichung

$$P_{out} = \frac{P_{in}}{4}\left[\cos^2(d) + \left(\frac{\delta}{d}\right)^2\sin^2(d)\right]$$

Mit $\cos^2(d) = 1 - \sin^2(d), d = \sqrt{\delta^2 + 4a^2}$ folgt

$$P_{out} = \frac{P_{in}}{4}\left[1 - \frac{4\delta^2}{\delta^2 + 4\alpha^2}\sin^2\left(\sqrt{\delta^2 + 4\alpha^2}\right)\right] \tag{2.45}$$

Wir versuchen nun, die Aussteuerung der Messwerte wie im doppelbrechungsfreien Fall beizubehalten und die zusätzliche Wirkung des Doppelbrechungsparameters δ nur im Arbeitspunkt der optischen Ausgangsleistung P_{outA} bzw. im Fotostrom I_{phA} zu berücksichtigen.

Das gelingt mit dem Ansatz

$$\sin^2\left(\sqrt{\delta^2 + 4\alpha^2}\right) = \sin^2(\beta + \beta_0) \tag{2.46}$$

und ergibt

$$\delta^2 + 4\alpha^2 = (\beta + \beta_0)^2$$

$$\rightarrow \beta^2 + 2\beta_0\beta + \beta_0^2 - \delta^2 - 4\alpha^2 = 0$$

$$\beta_{1/2} = -\beta_0 \pm \sqrt{\delta^2 + 4\alpha^2} \tag{2.47}$$

$$\beta_{1/2} = 2VN_0M_0(\ddot{u}i - i_{0\sim}) = 2VN_0M_0(\ddot{u}i - i_{1\sim}) = 0 \tag{2.48}$$

$$\rightarrow i_{0\sim} = i_{1\sim} = \ddot{u}i \tag{2.49}$$

(2.49) repräsentiert den linearen Zusammenhang zwischen Messwert und Messgröße, vermittelt durch den Proportionalitätsfaktor „Übersetzungsverhältnis" ü. Aus (2.47) folgt bei Wahl des positiven Vorzeichens vor der Wurzel

$$\beta_0 = \sqrt{\delta^2 + 4V^2N_0^2M_0^2I_A^2} = \frac{\pi}{4} \tag{2.50}$$

Damit gilt im Arbeitspunkt der Darlington-Transistoren nun

$$I_A = \frac{\sqrt{\pi^2 - 16\delta^2}}{8\,VN_0M_0} \tag{2.51}$$

Es ergibt sich für den Arbeitspunkt der optischen Leistung am Ausgang der optischen Teilkomponente

$$P_{out\,A} = \frac{P_{in}}{4}\left[1 - \frac{\frac{\pi^2}{16} - \delta^2}{\frac{\pi^2}{16}} \underbrace{\sin^2\left(\frac{\pi}{4}\right)}_{=\frac{1}{2}}\right]$$

$$P_{out\,A} = \frac{P_{in}}{8}\left[1 + \left(\frac{4\delta}{\pi}\right)^2\right] \tag{2.52}$$

und durch Multiplikation von (2.52) mit der Fotoempfindlichkeit S_E:

$$I_{phA} = S_E P_{out\,A} = \frac{S_E P_{in}}{8}\left[1 + \left(\frac{4\delta}{\pi}\right)^2\right] \tag{2.53}$$

$\delta = 0$ repräsentiert in (2.52) und (2.53) den doppelbrechungsfreien Fall.

2.8.3.2 Berücksichtigung der Doppelbrechungen der Lichtwellenleiter und des Kopplers

Der Einstieg zur Berücksichtigung des Doppelbrechungsparameters δ der LWL und des Kopplers erfolgt mit dem modifizierten Ansatz für

$$\vec{D}_{3\,in} = \frac{e^{-j\frac{\pi}{4}}}{4}\begin{pmatrix} e^{j\delta_K} & 0 \\ 0 & e^{-j\delta_K}\end{pmatrix}\begin{pmatrix} 1 \\ j\end{pmatrix} = \frac{e^{-j\frac{\pi}{4}}}{4}\begin{pmatrix} e^{j\delta_K} \\ je^{-j\delta_K}\end{pmatrix} \tag{2.54}$$

Analog (2.36) erhalten wir nach längerer Rechnung mit (2.54) für $\vec{D}_{3\,out}$ den Ausdruck (2.55).

$$\vec{D}_{3\,out} = \frac{e^{-j\frac{\pi}{4}}}{4}\begin{pmatrix} -2a\left(be^{-j\delta_K} + ce^{j\delta_K}\right) + j\left(c^2 + b^2 - a^2\right)e^{-j\delta_K} \\ \left(a^2 - b^2 - c^2\right)e^{j\delta_K} + j2a\left(be^{j\delta_K} - ce^{-j\delta_K}\right)\end{pmatrix} \tag{2.55}$$

Entsprechend sind (2.39) und (2.40) zu modifizieren:

$$\begin{aligned} & j\frac{1}{\sqrt{2}}\begin{pmatrix} e^{j\delta_K} & 0 \\ 0 & e^{-j\delta_K}\end{pmatrix}\vec{D}_{3out} \\ & = \frac{e^{-j\frac{\pi}{4}}}{\sqrt{32}}\begin{pmatrix} a^2 - b^2 - c^2 - j2a\left(b + ce^{j2\delta_K}\right) \\ -2a\left(b - ce^{-j2\delta_K}\right) + j\left(a^2 - b^2 - c^2\right)\end{pmatrix} \end{aligned} \tag{2.56}$$

$$\begin{aligned} & \frac{1}{\sqrt{2}}\begin{pmatrix} e^{j\delta_K} & 0 \\ 0 & e^{-j\delta_K}\end{pmatrix}\vec{D}_{4out} \\ & = \frac{e^{-j\frac{\pi}{4}}}{\sqrt{32}}\begin{pmatrix} a^2 - b^2 - c^2 - j2a\left(b - ce^{j2\delta_K}\right) \\ -2a\left(b + ce^{-j2\delta_K}\right) + j\left(a^2 - b^2 - c^2\right)\end{pmatrix} \end{aligned} \tag{2.57}$$

Für das Ausgangssignal des optischen Kopplers folgt

$$\vec{D}_{out} = \frac{1}{\sqrt{2}}\begin{pmatrix} e^{j\delta_K} & 0 \\ 0 & e^{-j\delta_K}\end{pmatrix}\vec{D}_{4\,out} + j\frac{1}{\sqrt{2}}\begin{pmatrix} e^{j\delta_K} & 0 \\ 0 & e^{-j\delta_K}\end{pmatrix}\vec{D}_{3\,out} \tag{2.58}$$

$$\vec{D}_{out} = \frac{e^{-j\frac{\pi}{4}}}{\sqrt{8}}\begin{pmatrix} a^2 - b^2 - c^2 - j2ab \\ -2ab + j\left(a^2 - b^2 - c^2\right)\end{pmatrix} \tag{2.59}$$

Damit stimmt (2.59) mit (2.41) überein. Der Doppelbrechungsparameter des optischen Kopplers wird durch die erfindungsgemäße Anordnung der Komponenten des Stromsensors eliminiert.

Die Sensor-Differenzialgleichung 3

In diesem Kapitel finden Sie die theoretischen Beweise für den linearen Zusammenhang zwischen dem jeweiligen Messwert und der Messgröße des vorgelegten Stromsensors mit zirkularem Polarisator und Regelkreis. Es wird gezeigt, dass dieser lineare Zusammenhang der trivialen Lösung einer nichtlinearen Differenzialgleichung bei eliminierter Doppelbrechung entspricht.

3.1 Herleitung der Differenzialgleichung

Zunächst wird der Faraday-Winkel α aus den Faraday-Winkeln α_0 und α_1 in den Zweigen 0 und 1 des Stromsensors nach Abb. 2.1 hergeleitet.

$$\text{Zweig 1}: \quad \alpha_1 = VN_0M_0(\text{ü}\, i - i_1) = \alpha \tag{3.1}$$

$$\text{Zweig 0}: \quad \alpha_0 = -VN_0M_0(\text{ü}\, i - i_0) = -\alpha \tag{3.2}$$

Diese Gleichsetzungen gelten aus Symmetriegründen für die Schaltungsanordnung nach Abb. 2.1 und 2.2.

Daraus folgt

$$\alpha_1 - \alpha_0 = 2\alpha = 2VN_0M_0\left(\text{ü}\, i - \frac{i_0 + i_1}{2}\right) \tag{3.3}$$

$$\beta = 2\alpha_{\sim} = 2VN_0M_0\left(\text{ü}\, i - \frac{i_{0\sim} + i_{1\sim}}{2}\right) \tag{3.4}$$

$$i_{ph} = \frac{S_E P_{in}}{8}[1 + \sin(2\beta)] \tag{3.5}$$

R. Thiele, *Stromsensor mit zirkularem Polarisator und Regelkreis*, essentials, DOI 10.1007/978-3-658-18472-8_3

$$i_{ph} = \frac{S_E P_{in}}{8}\left[1 + \sin\left[\underbrace{4VN_0M_0}_{=2K_2}\left(\ddot{u}\,i - \frac{i_{0\sim} + i_{1\sim}}{2}\right)\right]\right] \tag{3.6}$$

$$i_{ph} = \frac{S_E P_{in}}{8}\left[1 + \sin\left[2K_2\left(\ddot{u}\,i - \frac{i_{0\sim} + i_{1\sim}}{2}\right)\right]\right] \tag{3.7}$$

$$i_{ph\sim} = \frac{S_E P_{in}}{8}\sin\left[2K_2\left(\ddot{u}\,i - \frac{i_{0\sim} + i_{1\sim}}{2}\right)\right] \tag{3.8}$$

$$u_{10\sim} = R_0 i_{ph0\sim} \tag{3.9}$$

$$u_{20\sim} = -\frac{1}{R_5C_0}\int u_{10\sim}\,dt = -\frac{R_0}{R_5C_0}\int i_{ph0\sim}\,dt \tag{3.10}$$

$$u_{11\sim} = R_1\,i_{ph1\sim} \tag{3.11}$$

$$u_{21\sim} = -\frac{1}{R_6C_1}\int u_{11\sim}\,dt = -\frac{R_1}{R_6C_1}\int i_{ph1\sim}\,dt \tag{3.12}$$

$$i_{0\sim} = \frac{u_{20\sim}}{R_{Cu0}} = -\underbrace{\frac{R_0}{R_{Cu0}R_5C_0}}_{=K_1}\int i_{ph0\sim}\,dt \tag{3.13}$$

$$i_{1\sim} = -\frac{u_{21\sim}}{R_{Cu1}} = \underbrace{\frac{R_1}{R_{Cu1}R_6C_1}}_{=K_1}\int i_{ph1\sim}\,dt \tag{3.14}$$

Mit den Dimensionierungsbedingungen

$$R_0 = R_1, \quad R_5 = R_6, \quad R_{Cu0} = R_{Cu1}, \quad C_0 = C_1 \tag{3.15}$$

folgt

$$i_{1\sim} - i_{0\sim} = K_1\int \underbrace{\left(i_{ph1\sim} + i_{ph0\sim}\right)}_{=i_{ph\sim}}dt \tag{3.16}$$

$$\rightarrow \frac{di_{1\sim}}{dt} - \frac{di_{0\sim}}{dt} = K_1 i_{ph\sim} \tag{3.17}$$

$$\frac{di_{1\sim}}{dt} - \frac{di_{0\sim}}{dt} = K_1 \frac{S_E P_{in}}{8} \sin\left[K_2(\text{ü}\,i - i_{0\sim} + \text{ü}\,i - i_{1\sim})\right] \tag{3.18}$$

Wir verwenden die Abkürzungen

$$v = \text{ü}\,i - i_{0\sim},\ w = \text{ü}\,i - i_{1\sim} \tag{3.19}$$

Aus (3.18) und (3.19) folgt die Sensor-DGL

$$\frac{dv}{dt} - \frac{dw}{dt} = K_1 \frac{S_E P_{in}}{8} \sin\left[K_2(v + w)\right] \tag{3.20}$$

3.2 Lösungen der Sensor-DGL

Zunächst berechnet man die homogenen Lösungen v_H und w_H aus

$$w = 0: \quad \frac{dv_H}{dt} = K_1 \frac{S_E P_{in}}{8} \sin\left[K_2 v_H\right] \tag{3.21}$$

$$v = 0: \quad \frac{dw_H}{dt} = -K_1 \frac{S_E\, P_{in}}{8} \sin\left[K_2 w_H\right] \tag{3.22}$$

$$\int \frac{dv_H}{\sin\left(K_2 v_H\right)} = K_1 \frac{S_E\, P_{in}}{8} \int dt + C \tag{3.23}$$

$$\frac{1}{K_2} \ln\left(\left|\tan \frac{K_2 v_H}{2}\right|\right) = C + K_1 \frac{S_E\, P_{in}}{8} t \tag{3.24}$$

$$\rightarrow v_H = \frac{2}{K_2} \arctan\left[e^{K_v + \frac{t}{\tau_v}}\right] \tag{3.25}$$

$$\text{mit}\, K_v = K_2 C, \quad \frac{1}{\tau_v} = K_1 K_2 \frac{S_E\, P_{in}}{8} \tag{3.26}$$

Durch die Substitution $K_1 \rightarrow -K_1$ ergibt sich

$$w_H = \frac{2}{K_2} \arctan\left[e^{K_w - \frac{t}{\tau_w}}\right] \tag{3.27}$$

Es gilt für die Zeitkonstanten

$$\tau_w = \tau_v = \tau \tag{3.28}$$

und damit lauten die homogenen Lösungen

$$v_H = \frac{2}{K_2} \arctan\left[e^{K_v + \frac{t}{\tau}}\right] \tag{3.29}$$

$$w_H = \frac{2}{K_2} \arctan\left[e^{K_w - \frac{t}{\tau}}\right] \tag{3.30}$$

Die inhomogenen Lösungen berechnen wir durch Variation der Konstanten

$$K_w = K_w(t), \quad K_v = K_v(t) \tag{3.31}$$

am Beispiel für v.

$$\frac{dv}{dt} = \frac{2}{K_2}\frac{d}{dt} \arctan\left[e^{K_v + \frac{t}{\tau}}\right] \tag{3.32}$$

$$\frac{dv}{dt} = \frac{2}{K_2}\frac{\left(\frac{dK_v}{dt} + \frac{1}{\tau}\right)e^{K_v + \frac{t}{\tau}}}{1 + e^{2(K_v + \frac{t}{\tau})}} = 0 \tag{3.33}$$

$$\rightarrow \frac{dK_v}{dt} + \frac{1}{\tau} = 0 \tag{3.34}$$

$$\rightarrow K_v(t) = C_v - \frac{t}{\tau} \tag{3.35}$$

$$\rightarrow v = \frac{2}{K_2} \arctan\left(e^{C_v}\right) \tag{3.36}$$

Für w folgt mit

$$K_w(t) = C_w + \frac{t}{\tau} \tag{3.37}$$

$$w = \frac{2}{K_2} \arctan\left(e^{C_w}\right) \tag{3.38}$$

Mit (3.20) folgt weiterhin

$$\rightarrow 0 = \sin\left\{2\underbrace{\left[\arctan\left(e^{C_v}\right) + \arctan\left(e^{C_w}\right)\right]}_{=0}\right\} \tag{3.39}$$

$$\rightarrow C_v = C_w = -\infty \tag{3.40}$$

Damit ergeben sich die Lösungen der Sensor-DGL

$$\rightarrow w = v = 0, \tag{3.41}$$

d. h. w und v müssen gleichzeitig Null sein. Es folgt mit (3.19)

$$i_{0\sim} = i_{1\sim} = \ddot{\mathrm{u}}i, \tag{3.42}$$

d. h. ein linearer Zusammenhang zwischen den Messwerten $i_{0\sim}$ und $i_{1\sim}$ sowie jeweils der Messgröße i.

Eigenschaften des Stromsensors 4

Unter Verwendung der linearen Näherung für den Fotostrom wird mithilfe der Laplace-Transformation die Stabilitäts-Analyse des vorgelegten Stromsensors auf das Pollage-Kriterium der Regelungstechnik zurück geführt und gezeigt, dass die Stabilität, selbst bei kleiner Asymmetrie der Schaltungsanordnung, durch die in Abb. 2.2 eingefügten RC-Glieder im quadratischen Mittel erzwungen werden kann.

Außerdem erfolgt der mathematische Beweis dafür, dass die Regelabweichung der Aussteuerung des Fotostromes im applizierten Regelkreis bleibend Null ist.

4.1 Stabilität

Mit der Näherung

$$i_{ph\sim} = \frac{S_E P_{in}}{8} \sin(2\beta) \approx \frac{S_E P_{in}}{4} \beta \tag{4.1}$$

und

$$\beta = 2\alpha_{\sim} = 2VN_0M_0 \left(\ddot{\mathrm{u}}\, i - \frac{i_{0\sim} + i_{1\sim}}{2} \right) \tag{4.2}$$

erfolgt nun eine Stabilitäts-Analyse des Stromsensors im Laplace-Bereich. Es gilt mit der komplexen Frequenz „s“:

$$I_{ph\sim} = \frac{S_E P_{in}}{2} VN_0M_0 \left[\ddot{\mathrm{u}}\, I(s) - \frac{I_{0\sim}(s) + I_{1\sim}(s)}{2} \right] \tag{4.3}$$

R. Thiele, *Stromsensor mit zirkularem Polarisator und Regelkreis*, essentials, DOI 10.1007/978-3-658-18472-8_4

Unter diesen Vorausetzungen ergibt sich durch Laplace-Transformation die folgende algebraische Gleichung aus der DGL (3.18).

$$I_{1\sim}(s) - I_{0\sim}(s) = \frac{1}{s} \underbrace{\frac{S_E P_{in}}{4} K_1 K_2}_{=K} \left[\ddot{u}\, I(s) - \frac{I_{0\sim}(s) + I_{1\sim}(s)}{2} \right] \tag{4.4}$$

(4.4) gilt zunächst ohne RC-Glied, d. h. für $R = 0$ und $C = 0$ in Abb. 2.2.
Aus (4.4) ergibt sich:

$$\underbrace{\begin{pmatrix} \frac{K}{2s} + 1 & \frac{K}{2s} - 1 \end{pmatrix}}_{=\underline{A}} \begin{pmatrix} I_{1\sim}(s) \\ I_{0\sim}(s) \end{pmatrix} = \frac{K}{s}\, \ddot{u}\, I(s) \tag{4.5}$$

Die Lösung von (4.5) lautet mit der Pseudoinversen $\underline{A}^+$ in der Form

$$\underline{A}^+ = \frac{1}{\underline{A}\underline{A}^T} \underline{A}^T \tag{4.6}$$

$$\begin{pmatrix} I_{1\sim}(s) \\ I_{0\sim}(s) \end{pmatrix} = \underbrace{\underline{A}^+ \frac{K}{s}\, \ddot{u}\, I(s)}_{partikul\ddot{a}reL\ddot{o}sung} + \underbrace{(\underline{E} - \underline{A}^+ \underline{A}) \begin{pmatrix} I_{1H}(s) \\ I_{0H}(s) \end{pmatrix}}_{homogeneL\ddot{o}sung} \tag{4.7}$$

In (4.7) stellen $I_{1H}(s)$ und $I_{0H}(s)$ zunächst beliebige Funktionen von s dar. Man erhält nach längerer Rechnung den Zusammenhang

$$\begin{pmatrix} I_{1\sim}(s) \\ I_{0\sim}(s) \end{pmatrix} = \begin{pmatrix} \frac{K^2+2Ks}{K^2+4s^2} \\ \frac{K^2-2Ks}{K^2+4s^2} \end{pmatrix} \ddot{u}\, I(s) + \begin{pmatrix} \frac{\frac{K^2}{2}-2Ks+2s^2}{K^2+4s^2} & \frac{-\frac{K^2}{2}+2s^2}{K^2+4s^2} \\ \frac{-\frac{K^2}{2}+2s^2}{K^2+4s^2} & \frac{\frac{K^2}{2}+2Ks+2s^2}{K^2+4s^2} \end{pmatrix} \begin{pmatrix} I_{1H}(s) \\ I_{0H}(s) \end{pmatrix} \tag{4.8}$$

Alle Systemfunktionen im Vektor und in der Matrix nach (4.8) weisen die gleichen Pole auf. Man errechnet sie aus

$$4s_\infty^2 + K^2 = 0$$

$$\rightarrow s_{\infty 1,2} = \pm\sqrt{-\frac{K^2}{4}} = \pm j\frac{K}{2} \tag{4.9}$$

Da der Realteil $s_{\infty 1/2}$ Null ist, liegen die Pole an der Stabilitätsgrenze. Durch Einsetzen der Lösungen der Sensor-DGL, d. h. der zugehörigen Laplace-Transformierten

$$I_{1\sim}(s) = I_{0\sim}(s) = \text{ü}\,I(s) \tag{4.10}$$

ergibt sich jedoch aus (4.8)

$$I_{1H}(s) = I_{0H}(s) = \text{ü}\,I(s) \tag{4.11}$$

und die Systemfunktion entartet zum Übersetzungsverhältnis „*ü*“ als positiv reelle Konstante. Sie ist damit Pol- und Nullstellenfrei. Unter den genannten Voraussetzungen ist also der vorgelegte Stromsensor absolut stabil, weil „ü“ keine zusätzlich anklingenden oder Dauerschwingungen im Zeitbereich verursacht.

Praktisch gesehen, ist jedoch mit kleinen Asymmetrien in den Schaltungsanordnungen nach Abb. 2.1 und 2.2 zu rechnen. Dann greift (4.9) als Stabilitätsbedingung, weil (4.10) und (4.11) etwas von „ü $I(s)$“ abweichen. Da die Pole (4.9) einen verschwindenden Realteil aufweisen, ist durch zusätzliche Maßnahmen ein entsprechender negativer Realteil einzustellen, um die Stabilität zu sichern.

Das entspricht dem sogenannten „Pollagekriterium“ der Regelungstechnik, wobei für ein stabiles System alle Pole in den Systemfunktionen negative Realteile aufweisen müssen.

Erfindungsgemäß wird diese Aufgabe durch die zusätzlichen RC-Glieder vor den Darlington-Transistoren als Verzögerungsglieder erster Ordnung gelöst.

Zur Erklärung der Wirkung der RC-Glieder genügt es, $s_{\infty 1,2}$ in (4.9) zu substituieren durch

$$s_{\infty 1,2} \rightarrow s_{\infty 1,2,3,4}\left(1 + s_{\infty 1,2,3,4} T_v\right) \tag{4.12}$$

mit der Zeitkonstanten

$$T_v = \frac{RC}{kv} \tag{4.13}$$

und

$$k = \frac{B^2 R_{Cu0}}{(2 + B) r_{BE} + B^2 R_{Cu0}} \tag{4.14}$$

Darin bedeuten

v Verstärkung des Operationsverstärkers vor den RC-Gliedern
B Stromverstärkung der Transistoren in den Darlington-Pärchen
r_{BE} Interner Basis-Emitter-Widerstand der Transistoren in den Darlington-Pärchen

Aus (4.9) folgt mit (4.12)

$$s_{\infty 1,2,3,4}^2 + \frac{1}{T_v} s_{\infty 1,2,3,4} \pm j \frac{K}{2T_v} = 0 \tag{4.15}$$

Die Wurzeln von (4.15) sind mit $n \in \{0, 1\}$

$$s_{\infty 1,2,3,4} = -\frac{1}{2T_v} \pm \sqrt[4]{\frac{1}{4T_v^2} \pm j \frac{K}{2T_v}} \tag{4.16}$$

$$s_{\infty 1,2,3,4} = -\frac{1}{2T_v} \pm \sqrt[4]{\frac{1}{16T_v^4} + \frac{K^2}{4T_v^2}} e^{\pm j\left[n\pi + \frac{1}{2}\arctan(2KT_v)\right]} \tag{4.17}$$

Die Stabilitätsbedingung lautet

$$\begin{aligned} &Re\left\{s_{\infty 1,2,3,4}\right\} \\ &= -\frac{1}{2T} \pm \sqrt[4]{\frac{1}{16T_v^4} + \frac{K^2}{4T_v^2}} \cos\left[n\pi + \frac{1}{2}\arctan(2KT_v)\right] < 0 \end{aligned} \tag{4.18}$$

Daraus folgt

$$\frac{-1}{\sqrt[4]{1 + (2KT_v)^2}} < \cos\left[n\pi + \frac{1}{2}\arctan(2KT_v)\right] < \frac{1}{\sqrt[4]{1 + (2KT_v)^2}} \tag{4.19}$$

(4.19) wird im Dimensionierungsbeispiel nach Kap. 5 ausgewertet.

4.2 Regelabweichung

Die Aussteuerung des Fotostromes $i_{ph\sim}$, entsprechend

$$i_{ph\sim} = \frac{S_E P_{in}}{8} \sin(2\beta) \tag{4.20}$$

kann mit dem Winkel

$$\beta = K_2 \left[\ddot{u}\, i - \frac{i_{0\sim} + i_{1\sim}}{2}\right] \tag{4.21}$$

sowie der Konstanten

$$K_2 = 2VN_0M_0 \tag{4.22}$$

als Regelabweichung angesehen werden.

Durch Einsetzen der Lösungen der Sensor-DGL nach (3.42) in (4.21) erhalten wir

$$i_{ph\sim} = \frac{S_E P_{in}}{8} \sin \left[4VN_0M_0 \underbrace{\left(\text{ü}\,i - \frac{\text{ü}\,i + \text{ü}\,i}{2} \right)}_{=0} \right] = 0 \tag{4.23}$$

Sobald sich die Lösungen der Sensor-DGL eingestellt haben, ist die bleibende Regelabweichung Null.

5 Dimensionierungsbeispiel

In diesem Kapitel zeigen wir exemplarisch die Dimensionierung des vorgelegten Stromsensors in Kurzform mit Bezug auf Abb. 2.2.

5.1 Amplitude des Fotostromes

Gegeben:

$$a_{opt} = 30\,dB$$

$$S_E = 0{,}8\frac{A}{W}$$

$$P_{in} = 1\,mW,$$

$$\delta = 0$$

$$V = 1{,}247 \quad 10^{-7}A^{-1}$$

$$N_0 = M_0 = 1675$$

$$\text{ü} = 6 \quad 10^{-4}$$

Gesucht: $\hat{i}_{ph\sim}$ bei $\hat{i} = 768,5\,A$

$\hat{i}_{ph\sim max}$ bei Vollaussteuerung

Lösung: $\sin(2\beta) \approx 2\beta = 4VN_0M_0\text{ü}\,i = 4VN_0M_0\text{ü}\,\hat{i}\ \sin\ (\omega t)$

$$\hat{i}_{ph\sim}\ \text{bei}\ \hat{i} = 768,5\,A:$$

$$\hat{i}_{ph\sim} = 10^{-\frac{a_{opt}}{10dB}}\frac{S_E P_{in}}{2}VN_0M_0\,\text{ü}\,\hat{i} = 64,5\,nA \tag{5.1}$$

R. Thiele, *Stromsensor mit zirkularem Polarisator und Regelkreis*, essentials, DOI 10.1007/978-3-658-18472-8_5

$\hat{i}_{ph\sim max}$ bei Vollaussteuerung:
Vollaussteuerung $\hat{i}_{max}$ der Messgröße i:

$$\hat{i}_{max} = \frac{I_{phA}}{\hat{i}_{ph\sim}}\hat{i} = 1{,}2\ kA \tag{5.2}$$

mit

$$I_{phA} = 10^{-\frac{a_{opt}}{10dB}} \frac{S_E P_{in}}{8} = 100\ nA \tag{5.3}$$

$$\hat{i}_{ph\sim max} = I_{phA} = 100\ nA \tag{5.4}$$

5.2 Widerstände und Kapazitäten

Gegeben:

$$U_{ph+} = 1V$$

$$I_{phA} = 100\,nA,$$

$$\hat{u}_{10} = \hat{u}_{11} = 1\ V$$

$$\hat{u}_{20} = \hat{u}_{21} = 10\ V$$

$$\hat{i}_{ph0\sim} = \hat{i}_{ph1\sim} = 50\,nA$$

$$R_5 = R_6 = 10\,k\Omega$$

$$\omega = 314\,s^{-1}$$

Gesucht: $R_{ph}, R_0 = R_1, C_0 = C_1$

Lösung:

$$R_{ph} = \frac{U_{ph+}}{I_{phA}} = 10\ M\Omega \tag{5.5}$$

$$R_0 = R_1 = \frac{\hat{u}_{10}}{\hat{i}_{ph0\sim}} = \frac{\hat{u}_{11}}{\hat{i}_{ph1\sim}} = 20\ M\Omega \tag{5.6}$$

$$C_0 = C_1 = \frac{\hat{u}_{10}}{\hat{u}_{20}\omega R_5} = \frac{\hat{u}_{11}}{\hat{u}_{21}\omega R_6} = 31{,}9\ nF \tag{5.7}$$

Festlegung:

$$C_0 = C_1 = 33\ nF \tag{5.8}$$

5.3 Strom im Arbeitspunkt der Darlington-Transistoren

Gegeben:
$$V = 1{,}247 * 10^{-7}A^{-1},$$
$$N_0 = M_0 = 1675$$

Gesucht:
$$I_A$$

Lösung:
$$I_A = \frac{\pi}{8VN_0M_0} = 1{,}12A \tag{5.9}$$

5.4 Messwerte und Betriebsspannungen

Gegeben:
$$\hat{u}_{20} = \hat{u}_{21} = 10\,V$$
$$R_{Cu0} = R_{Cu1} = 36\ \Omega$$
$$I_A = 1{,}12\,A$$

Gesucht:
$$\hat{i}_{0\sim} = \hat{i}_{1\sim}$$
$$i_{1max}$$
$$U_{++} = -U_{--}$$
$$i_{0max}$$
$$u_{A0max}$$
$$i_{0min}$$
$$u_{A0min}$$

Lösung:
$$\hat{i}_{0\sim} = \hat{i}_{1\sim} = \frac{\hat{u}_{20}}{R_{cu0}} = \frac{\hat{u}_{21}}{R_{cu1}} = 278\,mA \tag{5.10}$$
$$i_{1max} = \hat{i}_{1\sim} + I_A = 1{,}4\,A \tag{5.11}$$
$$U_{++} = -U_{--} = R_{Cu1}i_{1max} + \hat{u}_{21} = 40{,}4\,V$$

Festlegung:

$$U_{++} = -U_{--} = 40\,V \tag{5.12}$$

$$i_{0max} = i_{1max} \approx 1{,}4\,A \tag{5.13}$$

$$u_{A0max} = R_{Cu0} i_{0max} + U_{--} = 10{,}4\,V \tag{5.14}$$

$$i_{0min} = I_A - \hat{i}_{0\sim} = 842\,mA \tag{5.15}$$

$$u_{A0min} = R_{Cu0} i_{0min} + U_{--} = -9{,}7\,V \tag{5.16}$$

5.5 Stabilitäts-Aussage

Gegeben:

$$S_E = 0{,}8A$$

$$P_{in} = 1\,mW$$

$$V = 1{,}247 \quad 10^{-7} A^{-1}$$

$$N_0 = M_0 = 1675$$

$$R_0 = R_1 = 2\,M\Omega$$

$$C_0 = C_1 = 33\,nF$$

$$R_5 = R_6 = 10\,k\Omega$$

$$R_{Cu0} = R_{Cu1} = 36\,\Omega$$

$$r_{BE} = 2\,k\Omega$$

$$B = 100$$

$$v = 10^4$$

$$R = 1\,M\Omega$$

$$C = 1\,\mu F$$

Gesucht: K_1, K_2, K, k, T_v, cos-Funktionen für $n \in \{0, 1\}$, Stabilitäts-Aussage

Lösung:

$$K_1 = \frac{R_0}{R_{Cu0}R_5C_0} = \frac{R_1}{R_{Cu1}R_6C_1} = 1{,}68\frac{1}{ns} \tag{5.17}$$

$$K_2 = 2VN_0M_0 = 0{,}7\,A^{-1} \tag{5.18}$$

$$K = \frac{S_EP_{in}}{4}K_1K_2 = 0{,}235\frac{1}{\mu s} \tag{5.19}$$

$$k = \frac{B^2R_{Cu0}}{(2+B)r_{BE} + B^2R_{Cu0}} = \frac{B^2R_{Cu1}}{(2+B)r_{BE} + B^2R_{Cu1}} = 0,638 \tag{5.20}$$

$$T_v = \frac{RC}{kv} = 0{,}157\,ms \tag{5.21}$$

$$\frac{1}{\sqrt[4]{1+(2KT_v)^2}} = 0{,}1164 \tag{5.22}$$

Für $n = 0$:

$$\cos\left[\frac{1}{2}\arctan(2KT_v)\right] = 0{,}0136 \tag{5.23}$$

Für $n = 1$:

$$\cos\left[\pi + \frac{1}{2}\arctan(2KT_v)\right] = -0{,}0136 \tag{5.24}$$

Mit (4.19) folgt

$$-0{,}1164 < 0{,}0136 < 0{,}1164 \tag{5.25}$$

$$-0{,}1164 < -0{,}0136 < 0{,}1164 \tag{5.26}$$

Aus (5.25) und (5.26) folgt, dass der erfindungsgemäße Stromsensor mit zirkularem Polarisator und Regelkreis für die angegebene Dimensionierung der RC-Glieder stabil ist, auch bei eventuellen kleinen Asymmetrien in den Schaltungsanordnungen nach Abb. 2.1 und 2.2.

6 Zusammenfassung

Es wurde eine Erfindung für einen neuartigen Stromsensor mit zirkularem Polarisator und mehrschleifigem Regelkreis vorgelegt.

Dieser Stromsensor ist gekennzeichnet durch

- einen einfachen Aufbau mit handelsüblichen optischen und elektronischen Komponenten,
- eine streng lineare Beziehung zwischen Messwerten und Messgrößen,
- die Kompensation der Doppelbrechung der Sensor-LWL und des optischen Kopplers sowie der Drift aller Einflussgrößen auf die Lösungen einer neuartigen den Sensor beschreibenden nichtlinearen Differenzialgleichung,
- moderate Kosten.

R. Thiele, *Stromsensor mit zirkularem Polarisator und Regelkreis*,
essentials, DOI 10.1007/978-3-658-18472-8_6

Was Sie aus diesem *essential* mitnehmen können

- Einsichten in das Funktionsprinzip faseroptischer Stromsensoren
- Applikationsbeispiele zum Jones-Kalkül
- Elimination der Doppelbrechung in optischen Komponenten
- Methoden zur Lösung nichtlinearer Differenzialgleichungen
- Stabilitäts-Analyse faseroptischer Stromsensoren

R. Thiele, *Stromsensor mit zirkularem Polarisator und Regelkreis*,
essentials, DOI 10.1007/978-3-658-18472-8

Weiterführende Literatur

Thiele, R. (1998). *Systemtheoretische Grundlagen der Lichtwellenleitertechnik. Studienheft ITI 8*. Darmstadt: Private Fern- Fachhochschule.

Thiele, R. (2002). *Optische Nachrichtensysteme und Sensornetzwerke. Ein systemtheoretischer Zugang*. Braunschweig: Vieweg.

Thiele, R. (2007a). *Schaltungsanordnung zur Messung elektrischer Ströme in elektrischen Leitern mit Lichtwellenleitern*. Deutsches Patent- und Markenamt, Nr. 102005003200, 19. Apr. 2007.

Thiele, R. (2007b). *Schaltungsanordnung zur Messung elektrischer Ströme in elektrischen Leitern mit Lichtwellenleitern*. Deutsches Patent- und Markenamt, Nr. 102006002301, 15. Nov. 2007.

Thiele, R. (2008). *Optische Netzwerke. Ein feldtheoretischer Zugang*. Wiesbaden: Vieweg.

Thiele, R. (2015a). *Transmittierender Faraday-Effekt-Stromsensor*. Wiesbaden: Springer.

Thiele, R. (2015b). *Reflektierender Faraday-Effekt-Stromsensor*. Wiesbaden: Springer.

Thiele, R. (2015c). *Design eines Faraday-Effekt-Stromsensors*. Wiesbaden: Springer.

Thiele, R. (2015d). *Test eines Faraday-Effekt-Stromsensors*. Wiesbaden: Springer.

Thiele, R., Winkler, C., Pohl, A., Israel, A., & Schwarz, B. (2016). *Faseroptischer Stromsensor zur Messung elektrischer Ströme mit Kompensation der Doppelbrechung*. Deutsches Patent- und Markenamt, Nr. 102011120263, 31. März 2016.

Würfel, R. (2015e). *Faseroptischer Stromsensor mit zirkularen Polarisatoren*. Studienarbeit, BA Bautzen, (Betreuer und Gutachter: Thiele, R.).

R. Thiele, *Stromsensor mit zirkularem Polarisator und Regelkreis*,
essentials, DOI 10.1007/978-3-658-18472-8